Tabbsum Mujawar
Lalasaheb Deshmukh

Nowe podejście do internetowego systemu monitorowania jakości powietrza wykorzystującego sieć WSN

Tabbsum Mujawar
Lalasaheb Deshmukh

Nowe podejście do internetowego systemu monitorowania jakości powietrza wykorzystującego sieć WSN

Rozwój systemu sieci bezprzewodowych czujników do wykrywania zanieczyszczeń gazowych i ich monitorowania

Wydawnictwo Bezkresy Wiedzy

Cover image: www.ingimage.com

Publisher:
Wydawnictwo Bezkresy Wiedzy
is a trademark of
International Book Market Service Ltd., member of OmniScriptum Publishing Group
17 Meldrum Street, Beau Bassin 71504, Mauritius
Printed at: see last page
ISBN: 978-620-0-81563-7

Przedmowa

Istnieje rosnące zapotrzebowanie na monitorowanie jakości powietrza ze względu na jego praktyczne zastosowanie w ochronie środowiska i ochronie zdrowia. Do tej pory przeprowadzono szerokie badania nad systemem monitorowania jakości powietrza za pomocą sieci przewodowej. Systemy monitoringu przewodowego mają jednak wiele wad: długi czas eksploatacji, wysokie koszty ochrony, niezdolność kabli do sprostania różnym kompensacjom itp. Jednak w miejscach niedostępnych zasilanie elektryczne może nie być dostępne do wdrożenia systemu monitoringu.

Książka ta pomaga dedykować autonomiczny system monitorowania jakości powietrza z bezproblemową metodą bezprzewodowej sieci czujników. Niebezpieczne gazy mogą być wykrywane za pomocą małych, ekonomicznych węzłów czujników, które są rozmieszczone na całym terytorium i działają autonomicznie na zasadzie wspomagania.

Planowana struktura składa się z grupy czujników (CO_2, Temperatura, Wilgotność, LDR i LPG), które są instalowane w środowisku za pomocą modułu XBee. W systemie tym zaproponowaliśmy dwa węzły czujników, mikrokontroler arduino UNO do sterowania danymi, XBee do komunikacji bezprzewodowej oraz jeden węzeł bramowy. Węzeł czujników zbiera określone dane ze środowiska i przesyła je bezprzewodowo do węzła bramki. Węzeł bramki jest połączony z LabView przez VISA. Wszystkie te dane są wyświetlane w oknie monitora szeregowego arduino i na przednim panelu LabVIEW. Możemy nadzorować wartości parametrów czujnika i przesyłać te wartości do portalu internetowego.

Książka zawiera informacje, które obejmują szeroki asortyment możliwości WSN, od podstawowych koncepcji i wspólnych zadań po zaawansowane technologie. Każda technika jest objaśniona w książce, która pokazuje, jak wdrożyć precyzyjną kompetencję.

Szczegółowy przegląd literatury na temat rozwoju systemu monitorowania jakości powietrza znajduje się w niniejszej książce. Ponadto, implementacja sprzętowa bezprzewodowego węzła czujników i zawiera szczegóły dotyczące jednostki mikrokontrolera i jego funkcji. Szczegółowo opisano kalibrację bezprzewodowego węzła czujnika przy użyciu komory gazowej.

Omówiono również szczegóły dotyczące opracowania firmware'u dla bezprzewodowego węzła czujników z arduino IDE, LabVIEW. Programowanie LabVIEW i Arduino jest również opisane w tej książce.

Niezbędne kodowanie wymagane przy tworzeniu portalu internetowego, o którym mowa również w niniejszej książce.

PODZIĘKOWANIA

Jestem serdecznie wdzięczny wszechmogącemu Allahowi Ta-ala i prorokowi Mohammadowi Mustafie (S.A.W.) za to, że dał mi możliwość pójścia naprzód w mojej drodze życia. Ze względu na silną wiarę w nich mogłem zaprezentować się w dziedzinie badań.

Z ogromną przyjemnością wyrażam szczere podziękowania mojemu wnikliwemu przewodnikowi naukowemu, dyrektorowi, ***Prof. L. P. Deshmukh****, School of Physical Sciences, Solapur University, Solapur, Professor (HAGP), Fellow, Maharashtra Academy of Sciences, Executive Member, Indian Carbon Society, Life Member, Society for Promotion of Excellence in Electronics Discipline (SPEED), Fellow, Indian National Science Academy (INSA- Award in Physics, 1997), Fellow, The Society for Advancement of Electrochemical Science and Technology, Fellow, Semiconductor Society of India, Member, Materials Research Society of India oraz Member, Institution of Electronics and Telecommunication Engineers.*

Jestem bardzo wdzięczny naszemu ukochanemu byłemu wicekanclerzowi, profesorowi N.N. Maldarowi, który był bardzo pomocny w rozbudowie infrastruktury dla mnie i profesora A.D. Shaligrama z Uniwersytetu w Pune za jego ciągłą inspirację, zaradny dyskurs.

Z podziękowaniami przyjmuję wkład i moralne wsparcie ze strony członków mojej rodziny, którzy przez te wszystkie lata byli tak tolerancyjni. Jeszcze raz dziękuję za ich zachętę, miłość, cierpliwość i emocjonalne wsparcie w tych dniach.

Pomoc i moralne wsparcie, na każdym etapie tej pracy, przez mojego męża, Shri. Aslam Mulani, jest głęboko uznany, bez którego ta książka nie mogła ujrzeć dni. Miłość i uczucie okazywane przez moich ukochanych rodziców, Matkę w prawie, Ojca w prawie oraz moją Matkę i Ojca są niezapomniane.

Jestem również głęboko wdzięczny mojemu synowi, Asimowi, który oszczędził moją nieobecność poza swoim dzieciństwem. Na koniec, muszę podziękować tym, którzy bezpośrednio i pośrednio mi pomogli. Żaden z nich nie został zapomniany, choć o wielu nie wspomniano.

Spis treści

1.1 Wprowadzenie

Do tej pory, w wyniku rozwoju i urbanizacji, obserwuje się ogromną intensyfikację w zanieczyszczających przemysłach, odpadach budowlanych, znacznym wybijaniu lasów i pojazdów na drogach, co zwiększyło dobrobyt zagrażający zanieczyszczeniu. W związku z tym istnieje obowiązek częstego monitorowania zanieczyszczenia powietrza. Monitoring jakości powietrza jest niezbędny zarówno dla przemysłu publicznego, jak i prywatnego, aby zapobiegać zanieczyszczeniu powietrza i związanym z nim zagrożeniom [1]. Dlatego do monitorowania jakości powietrza zaprojektowano nowe rusztowanie, które monitoruje różne parametry środowiskowe, takie jak CO_2, LPG, temperaturę, natężenie światła i wilgotność powietrza za pomocą Arduino, LabVIEW i WSN.

Zastosowanie WSN sprawia, że system ten jest bardzo precyzyjny i elastyczny, dlatego też w ciągu ostatnich lat został szybko rozszerzony i zwraca uwagę nie tylko na sektory przemysłowe, ale również na uczelnie, ze względu na ich ogromny potencjał aplikacyjny i wyjątkowe wyzwania w zakresie bezpieczeństwa. Jego typowe cechy to małe zużycie energii, samo-motywowana topologia sieci i eksploatacja na dużą skalę. Dzięki niezawodności, dokładności, elastyczności, efektywności kosztowej i łatwemu dostępowi do instalacji ma on na celu zapewnienie koordynacji pomiędzy warunkami fizycznymi a światem internetu.

Projektowany system składa się z mikrokontrolera arduino UNO Atmega 328 i czujników do wykrywania wilgotności, gazu CO_2, LPG, temperatury i natężenia światła zintegrowanych w celu utworzenia węzła czujników. Dane z różnych czujników są podawane jako wejścia analogowe do mikrokontrolera, który przetwarza je i buduje decyzję. Wyjście z czujnika analogowego może być przekształcone na postać cyfrową za pomocą 10-bitowego przetwornika analogowo-cyfrowego (Analog to Digital Converter). Sekcja odbiorcza składa się z węzła bramki oraz komputera PC lub laptopa i ma taką samą strukturę jak węzeł czujnika z wyjątkiem modułu czujnika i jest odpowiedzialna za utworzenie sieci, odbiór informacji, agregację, przetwarzanie i wysyłanie instrukcji sterujących oraz realizację [3, 4]. Węzeł koordynacyjny posiada moduł ZigBee do odbioru informacji z węzła czujnika, który przesyła je do mikrokontrolera arduino. Mikrokontroler wysyła następnie zebrane dane do komputera PC za pomocą kabla USB w celu aktualizacji wartości miejsc monitorowania w komputerze. Proponujemy system sieci WSN wykorzystujący pojedynczy koordynator i dwa węzły czujników.

1.2 Podstawy działania czujnika

Każda ilość fizyczna może zostać przekształcona za pomocą czujnika w ilość elektryczną. Ludzkie ciało, które nie jest zdolne do żadnego intelektu, może być zrobione po prostu za pomocą dostępnych na rynku czujników, takich jak temperatura, wilgotność, intensywność itp. Wykrywanie sygnałów z dowolnego urządzenia i przekształcanie ich w odpowiedni sygnał wyjściowy, czujnik robi to w całości. W dzisiejszych czasach, czujnik staje się wszechobecny w naszych zwykłych procedurach. Właściwości czujników są:

- Przeliczyć wielkość nieelektryczną na wielkość elektryczną
- Działać szybko
- Funkcjonowanie bez przerwy
- Ruszające się.

Najbardziej doniosłą unikalnością czujnika jest:

- Czułość
- Stabilność.
- Powtarzalność, którą posiada.

Do systemu monitorowania jakości powietrza użyliśmy czterech różnych czujników. Są to następujące czujniki:

1.3 Czujnik SL-HS-220 (Wilgotność+Temperatura)

Pomiar wilgotności i temperatury odbywa się za pomocą modułu czujnika SY-HS 220. Jego napięcie robocze wynosi 5V, a temperatura pracy 0-60oC. Temperatura przechowywania tego modułu wynosi -30o-85oC. Moduł PCB zawiera termistor do kompensacji temperatury. Moduł ten przetwarza wilgotność względną na napięcie i może być stosowany w aplikacjach monitorowania pogody.

Rys.1. Moduł SL-HS-220

Rys.2. Podłączenie Arduino do modułu SL-HS-220

1.4 LDR

Fotorezystor LDR (Light Dependent Resistor) jest również znany jako fotorezystor. Jego oporność zmienia się w zależności od ilości padającego na niego światła. Jego rezystancja zmniejsza się, gdy pada na niego światło. W ciemności jego oporność będzie się zwiększać. Natężenie światła zostało zarejestrowane za pomocą LDR. Rezystancja LDR zmienia się liniowo w zależności od strumienia świetlnego; wyjście z LDR zostało zanotowane i zamienione na luksy poprzez programowanie za pomocą Arduino.

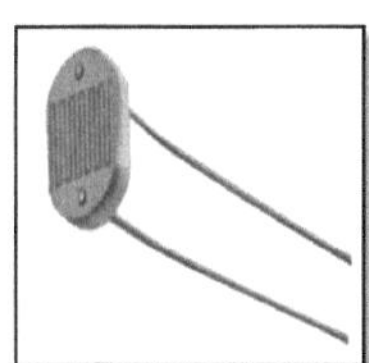

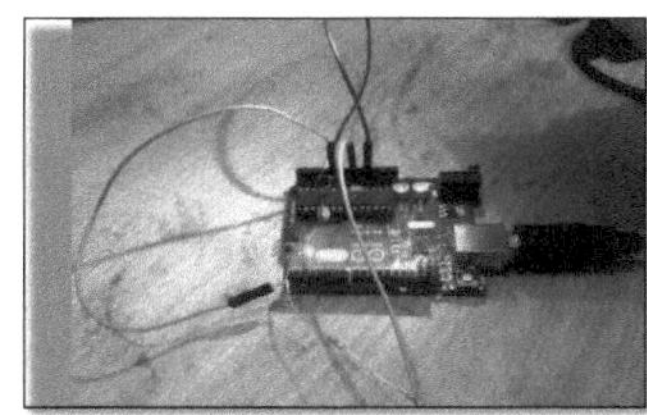

Rys. 3. LDR

Rys. 4. Połączenie Arduino z czujnikiem LDR

1,5 CO_2

Za pomocą czujnika MQ-135 wykryto zawartość toksycznych gazów, takich jak siarczek, gaz amoniak, para wodna serii benzenowej oraz CO_2 w powietrzu. Zakres detekcji wynosił 10-10.000 ppm, a napięcie robocze około 5,0V±0,1V AC lub DC. Ilość CO_2 obecnego w atmosferze wynosiła 400,7 ppm [5], zgodnie z którą kalibrowano czujnik. Posiada on duży zasięg detekcji, szybką reakcję i wysoką czułość, stałą i długą żywotność. Jego analogowe napięcie wyjściowe: od 0V do 5V i czas nagrzewania wynosi 20 sekund.

Rys. 5.MQ-135

Rys. 6. Podłączenie Arduino do czujnika MQ-135

1.6 LPG

Nasz system AQMS wykorzystuje czujnik gazu MQ-2 do wykrywania gazu LPG, który jest idealnym czujnikiem do wykrywania obecności niebezpiecznego wycieku LPG (np. w domach, na stacjach benzynowych, w środowisku zbiorników magazynowych, a nawet w pojazdach, które wykorzystują gaz LPG jako paliwo [6]. Urządzenie to można łatwo włączyć do obwodu/jednostki alarmowej, włączyć alarm lub podać wizualną informację o stężeniu LPG. Czujnik posiada doskonałą czułość połączoną z szybkim czasem reakcji. Gdy istnieje docelowy gaz palny, przewodność czujnika wzrasta wraz ze wzrostem stężenia gazu. Trzy piny wyjściowe tego czujnika to VCC, GND i V0. RL wynosi 20 KΩ. Rezystor obciążenia (RL) jest połączony pomiędzy zaciskiem cewki grzejnej a jednym z pinów wejściowych.

Rys. 7. MQ-2

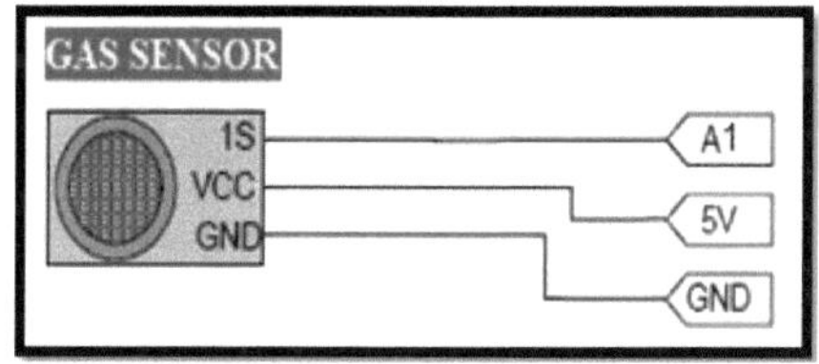

Rys. 8. Podłączenie Arduino do czujnika MQ-2

1.7 Badanie literatury

Aby przeciwdziałać niebezpiecznym skutkom zanieczyszczeń, podjęto intensywny wysiłek w systemie AQMS. Kilku badaczy opublikowało na ten temat swoje incydenty z danymi statystycznymi.

W 2014 r. Chaiwatpongsakorn [7] opracował system monitoringu powietrza atmosferycznego oparty na sieci bezprzewodowych czujników tlenku węgla (CO-WSN). W niniejszym opracowaniu skupiono się głównie na sieci WSN, która zwiększa wydajność systemu poprzez redukcję kosztów i złożoności. Zwiększa on niezawodność i dostępność danych w miejscach, gdzie tradycyjne metody monitorowania są trudne do zlokalizowania.

Nograles et al., 2014, opracował system oparty na MQ-2 do monitorowania stężenia dymu i tlenku węgla z pojazdów z silnikiem diesla i papierosów [8].

System oparty na sieci WSN z czujnikami Arduino, XBee i mikrogazu został opracowany do monitorowania jakości powietrza w pomieszczeniach [9]. Motyw i wartość systemu potwierdza porównanie wyników pomiarów systemu z profesjonalnym urządzeniem do pomiaru jakości powietrza (Abraham i in., 2014).

W 2012 roku Partheeban i in. stworzyli system monitoringu w czasie rzeczywistym do pomiaru zanieczyszczeń powietrza za pomocą czujników gazu stałego z modułem ARM. Wykorzystuje on techniki GIS i Internetu (system oparty na GSM) [10].

Kilka badań istniejących w systemie wykrywania i alarmowania o niebezpiecznych gazach [11]. System składa się z czujnika MQ- 2, mikrokontrolera arduino oraz GSM. System jest rozwijany przez Mujawar i in. w 2016 roku.

Cały system, który został opracowany, ma pewne ograniczenia. Dlatego stworzyliśmy prosty, przenośny, ekonomiczny i wysoce wydajny system.

1.8 Podsumowanie bezprzewodowych sieci czujników

Bezprzewodowe sieci sensorowe (WSN) zwracają uwagę nie tylko w branży, ale także w takim sektorze jak środowisko akademickie ze względu na ich masowe utajone zastosowania i wyjątkowe wyzwania związane z bezpieczeństwem. Celem tej sieci jest zbieranie danych z otoczenia i przesyłanie ich do węzła zlewowego. Ze względu na najmniejszą moc i zyskowny charakter aplikacji, jest ona lepsza dla zwyczajowych sieci [12-15]. Zawartość sieci WSN to: motywy, urządzenia końcowe, brama, itp. Szkic blokowy sieci WSN pokazano na rys.9. Składa się on z dużej liczby motorów, które zbierają informacje z otoczenia i przekazują je do węzła koordynującego. Podstawowe cechy bezprzewodowej sieci czujników to najmniejszy pobór mocy, aktywna topologia sieci oraz eksploatacja na dużą skalę. Architektura WSN obejmuje zarówno projekt sprzętu, jak i część programową.

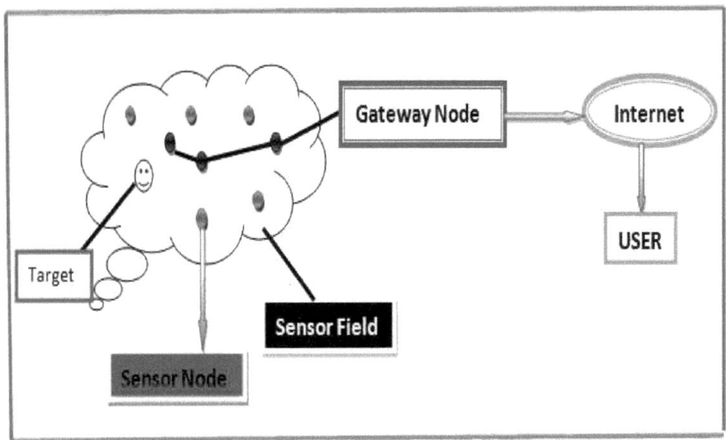

Rys. 9. Szkic blokowy WSN.

Bezprzewodowa sieć czujników jest bardzo kompaktowa w działaniu. Zazwyczaj składa się z dużej liczby maleńkich urządzeń zwanych węzłami czujników lub motywami, które są dołączone do sieci w celu zebrania informacji z różnych źródeł. Węzły te mają różne rozmiary i mają różną wielkość. Zwiększa to koszt systemu. Motory są opracowywane z wykorzystaniem czterech komponentów: Mikrokontroler, Radio, Czujnik i Baterie pokazane na rys.10.[16]. Każdy komponent ma swoje własne zadanie. Komponenty radiowe takie jak XBee, Bluetooth są używane do komunikacji bezprzewodowej. Podsystem mikrokontrolera służy do podejmowania wszelkich działań kontrolnych dotyczących węzłów czujników. Opracowuje on podstawowy algorytm do ulepszania motywu sieci. Aby zmniejszyć zużycie energii, sterownik pracuje w różnych trybach w zależności od stanu motywów. Czujnik służy do wykrywania wszelkich wielkości fizycznych i przetwarzania ich na wielkości elektryczne. Żywotność sieci można poprawić za pomocą komponentu bateryjnego.

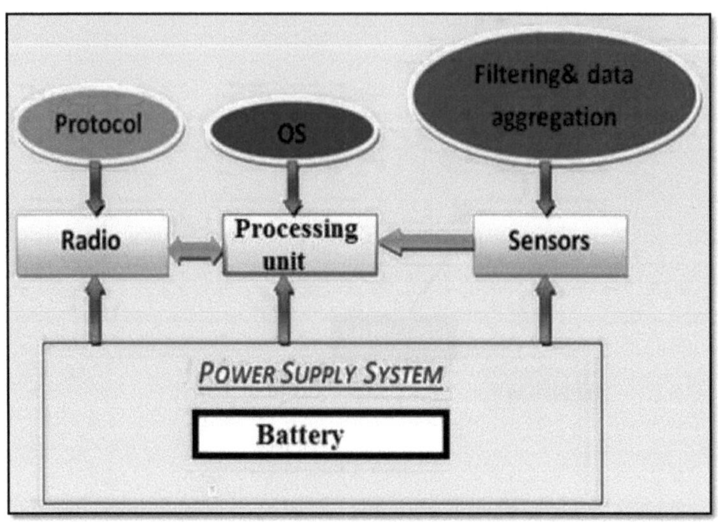

Rys.10. Architektura węzła czujnikowego.

Dlaczego WSN?

Aby system był niezawodny i ekonomiczny, WSN jest najlepszą opcją. Pozwala ona na szybkie wdrożenie czujników, ponieważ sieć ta zapewnia różne właściwości motorom. Ponadto, połączenie WSN z MEMS sprawia, że motywy są niezwykle kosztowne, mają niewielkie rozmiary i mają najmniejszą moc. Do tej pory bezprzewodowa sieć czujników (WSN) była szeroko wykorzystywana w wielu zastosowaniach, a te miniaturowe czujniki potrafią wyczuwać, przetwarzać i komunikować się. Większość z nich jest w stanie mierzyć temperaturę, światło, wilgotność; poziom gazów i materiałów chemicznych w atmosferze. WSN jest również połączeniem motywów o ograniczonej zdolności komunikacyjnej. Synchronizacja pomiędzy węzłami czujników zapewnia możliwość zbierania danych z czujników w dużej ilości [17, 18].

Tilak i inni [19] pokazali, że sieć WSN jest niezawodna w komunikacji na obszarze katastrofy, powodzi, a także w przypadku ataków rewolucyjnych. Sieć ta jest obiecująca,

- Kongregacja informacyjna

➢ Łatwa obsługa informacji

➢ Monitoring środowiska pod kątem licznych zastosowań.

Ze względu na powyższe zalety, WSN staje się integralną częścią przyszłych aplikacji. Dzisiejsze urządzenia wykorzystywane są głównie w zastosowaniach wywrotowych i podwodnych oraz na lądzie. W związku z tym mamy do czynienia z różnymi wyzwaniami i trudnościami w zależności od sytuacji otoczenia.

Rys. 11. System monitorowania jakości powietrza za pomocą sieci WSN.

Wykorzystanie WSN sprawia, że system ten jest bardzo precyzyjny i elastyczny, dlatego też w ciągu ostatnich lat został szybko rozszerzony i zwraca uwagę nie tylko na sektory przemysłowe, ale również na uczelnie wyższe ze względu na ich ogromny potencjał aplikacyjny i wyjątkowe wyzwania w zakresie bezpieczeństwa. Jego typowe cechy to małe zużycie energii, samo-motywowana topologia sieci i eksploatacja na dużą skalę. Dzięki niezawodności, dokładności, elastyczności, efektywności kosztowej i łatwemu dostępowi do instalacji ma on na celu zapewnienie koordynacji pomiędzy warunkami fizycznymi a światem internetu.

Ma wiele zastosowań:

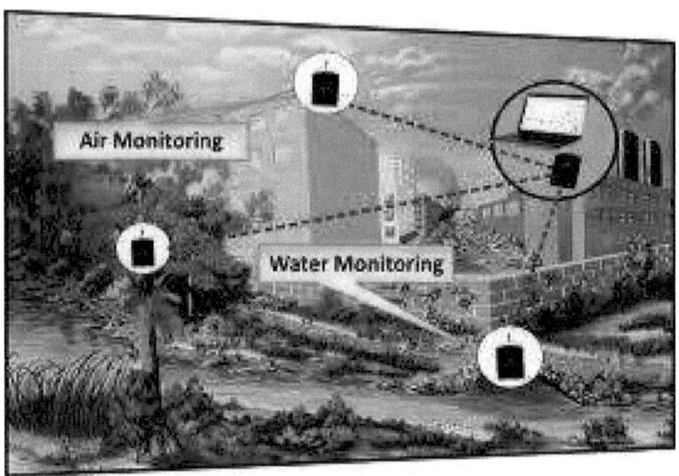

Rys. 12. Monitoring środowiska za pomocą sieci WSN.

1.9 Dlaczego monitoring jakości powietrza?

Do tej pory, w wyniku rozwoju i urbanizacji, obserwuje się ogromną intensyfikację w zanieczyszczających przemysłach, odpadach budowlanych, znacznym wybijaniu lasów i pojazdów na drogach, co zwiększyło dobrobyt zagrażający zanieczyszczeniu. W związku z tym istnieje obowiązek częstego monitorowania zanieczyszczenia powietrza. Monitorowanie jakości powietrza jest niezbędne zarówno dla przemysłu publicznego, jak i prywatnego, aby zapobiegać zanieczyszczeniu powietrza i związanym z nim zagrożeniom. Dlatego też, aby monitorować jakość powietrza, zaprojektowano nowe rusztowanie, które monitoruje różne parametry środowiskowe, takie jak $_{CO2}$, LPG, temperaturę, natężenie światła i wilgotność za pomocą Arduino, LabVIEW i WSN.

2.0. Standard XBee i jego doskonałość w stosunku do innych urządzeń

Przedstawia to krótkie wyjaśnienie protokołów XBee. Ma niski koszt i bardzo niski pobór prądu. Techniki te stwarzają doniosłe problemy z interoperacyjnością między sobą i z nowszymi technologiami. Sojusz ZigBee dostarcza standaryzowany podstawowy zestaw rozwiązań dla czujników i systemów sterowania. ZigBee jest przygotowany do tego, aby stać się globalnym standardem sieci sterowania/czujników. Został on zaprojektowany, aby zapewnić następujące funkcje:

- Zużycie energii jest bardzo niskie.
- Bluetooth jest wyposażony w funkcje sniff, parkowanie, przytrzymywanie, aktywne tryby zasilania itp. Ale ZigBee/IEEE 802.15.4 ma aktywny (nadawanie/odbieranie) lub tryb uśpienia.
- Urządzenia ZigBee będą bardziej przyjazne dla środowiska. Przy pełnym wdrożeniu oszczędza megawaty mocy.
- Jego instalacja i konserwacja są tanie. Wymaga tanich ogniw baterii głównej, Duża gęstość węzłów w sieci
- Łatwy protokół, globalne wykonanie.

Jego doskonałość w stosunku do innych urządzeń została wyjaśniona w poniższej tabeli.

	802.15.4	Bluetooth 802.15.1	Wi-Fi 802.11b	GPRS/GSM 1XRTT/CDMA
Application Focus	Many	Cable Replacement	Web, Video, Email	WAN, Voice/Data
System Resource (Protocol Stack Size)	4KB – 32KB (64KB)	250KB+	1MB+	16MB+
Battery Life (days)	100-1000+	1-7	1-5	1-7
Nodes per Networks	255-65K+	7	30	1
Bandwidth(kbps)	20-250	720	11,000+	64-128+
Range (meters)	1-75+	1-10+	1-100	1,000+
Key Market Attributes	Low Data Rate Low Power Low Cost	Cost, Convenience High QoS Low and Guaranteed latency	Speed, Flexibility	Reach, Quality

2.1. Oprogramowanie X-CTU

XBee jest protokołem komunikacji bezprzewodowej. Ten moduł radiowy stanowi bardzo dobre rozwiązanie dla projektantów WSN, a zawarty w nim protokół IEEE 802.15.4 ogranicza pracę programisty w celu zapewnienia komunikacji danych. Komunikuje się on również z mikrokontrolerem poprzez UART. Dodatkowo, dodatkowe piny na module są pomocne w aplikacjach samodzielnych.

Urządzenia XBee powinny być skonfigurowane przed wdrożeniem ich do odpowiedniego węzła WSN. Obecna praca opiera się na systemie monitorowania jakości powietrza. Składa się on z czterech węzłów czujników i jednego węzła koordynacyjnego. Przed wdrożeniem tych węzłów w sieci, niezbędna jest konfiguracja XBee jako routera i bramy. Do programowania XBee korporacja Digi udostępniła IDE o nazwie "XBee configuration and Test utility (X-CTU)". Za pomocą tego IDE urządzenia XBee są programowane, a następnie wykorzystywane w obecnej sieci.

X-CTU jest oprogramowaniem opartym na systemie Windows dostarczanym przez Digi. X-CTU działa na Microsoft Windows 98 SE i wyższych. Okno X-CTU pokazane jest na rys. 13. Posiada ono cztery zakładki takie jak: PC Settings, Range Test, Terminal i Modem Configuration.

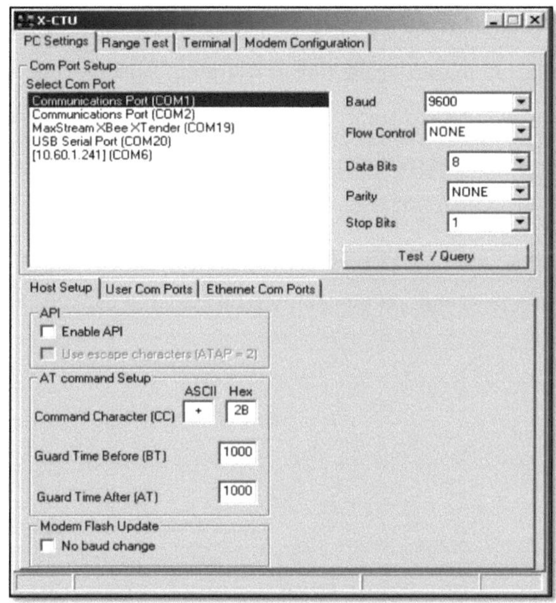

Rys.13.Zakładki programowania X-CTU.

2.1.1. Programowanie za pomocą XBee dla bezprzewodowego systemu AQM

Obecny bezprzewodowy system monitorowania jakości powietrza składa się z dwóch węzłów czujników i jednego węzła bramki. Węzły czujników są skonfigurowane jako routery, a węzeł gateway jako koordynator. Przed zaprogramowaniem XBee należy wybrać urządzenie. Tutaj wybiera się urządzenie XB24-ZB. Następnie wybiera się XBee jako router lub koordynator. Okna X-CTU do konfiguracji urządzeń XBee jako routera i koordynatora przedstawione są na poniższym rysunku. W tabeli 1 i 2 przedstawiono różne parametry dotyczące routera i koordynatora.

Istotną właściwością modułów XBee jest to, że posiadają one wyłączny adres źródłowy, który uniemożliwia powielanie komunikatów. Posiada on 64-bitowy numer seryjny i jest drukowany na tylnej stronie modułu. Mechanizm adresowania każdego modułu XBee jest inny. Jego wyższa część adresowa będzie taka sama, ale niższa część adresu jest inna. Adresowanie w specyfikacji 802.15.4 jest dwojakiego rodzaju: Broadcast i Unicast. Wiadomość Broadcast będzie odbierana przez wszystkie moduły na dowolnym określonym PAN-ie. Ta wiadomość jest wysyłana tylko raz i jest to rzadkość, dlatego nie otrzymaliśmy żadnego potwierdzenia dotyczącego tej wiadomości. W wiadomości unicast otrzymujemy potwierdzenie po pomyślnym otrzymaniu danych.

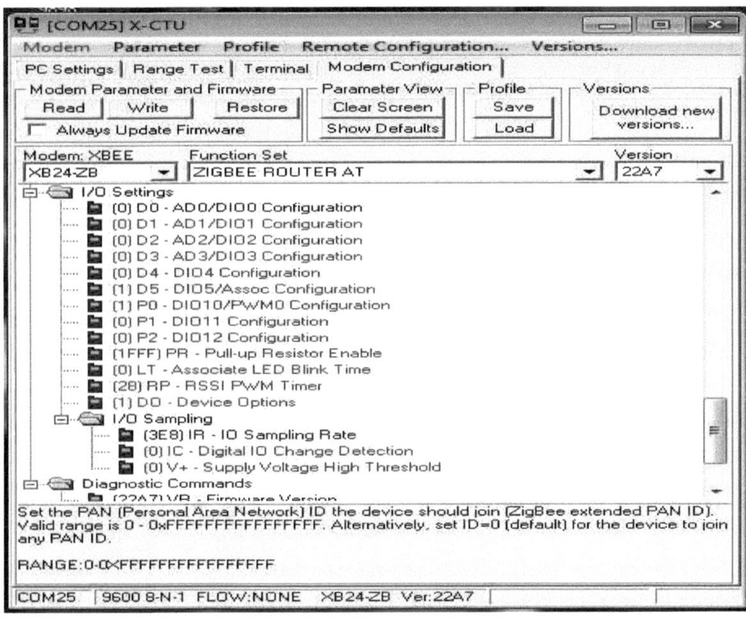

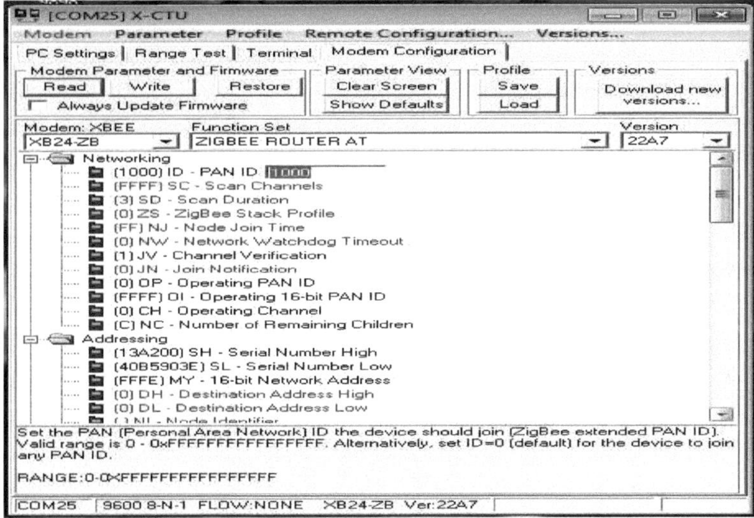

Rys. 14. Okna X-CTU pokazujące konfigurację XBee jako routera.

Programowanie dla XBee jako routera jest następujące:

Sr. Nie.	Nazwa parametrów	Wartość jego konfiguracji
1.	PAN ID	1000
2.	Adres docelowy Wysoki	0
3.	Adres docelowy Niski	0
4.	Kanał skanowania	FFFF
5.	Skanowanie Czas trwania	3
6.	Weryfikacja kanałów	1
7.	Opcja urządzenia	1
8.	Identyfikator węzła	Węzeł 1 do węzła 2
9.	Czas przyłączenia węzła	FF
10	Odkrywanie węzła Wyłączenie	3C
11	Poziom mocy	4
12	Tryb zasilania	1
13	Moc w PL4	3
14	Stawka Baud	3
15	RSSI PWM Zegar sterujący	28
16	DI07 Konfiguracja	1
17	DI06 Konfiguracja	0
18	IO Częstotliwość pobierania próbek	3E8
19	Parytet	0
20	RSSI ostatniego pakietu	0

Tabela 1- Parametr XBee jako router.

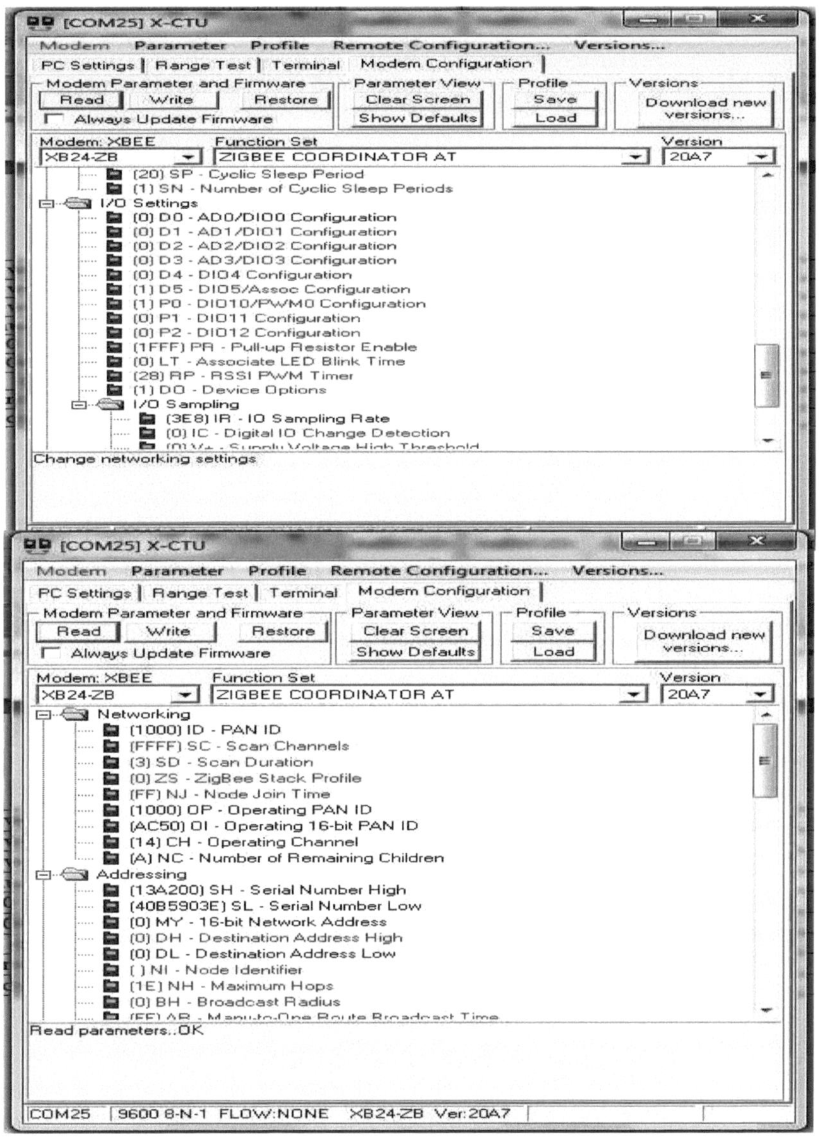

Rys.15. Konfiguracja XBee jako koordynatora (zrzut ekranu X-CTU)

Sr. Nie.	Parametry Nazwa	Konfiguracja Wartość
1.	PAN ID	1000
2.	Adres docelowy Wysoki	0
3.	Adres docelowy Niski	0
4.	Kanał skanowania	FFFF
5.	Skanowanie Czas trwania	3
6.	Weryfikacja kanałów	0
7.	Opcja urządzenia	1
8.	Identyfikator węzła	--
9.	Czas przyłączenia węzła	FF
10	Odkrywanie węzła Wyłączenie	3C
11	Poziom mocy	4
12	Tryb zasilania	1
13	Moc w PL4	3
14	Stawka Baud	3
15	RSSI PWM Zegar sterujący	28
16	DI07 Konfiguracja	1
17	DI06 Konfiguracja	0
18	IO Częstotliwość pobierania próbek	3E8
19	Parytet	0
20	RSSI ostatniego pakietu	0

Tabela 2- Ustawienie różnych parametrów XBee dla koordynatora.

Tryby AT

Polecenia AT są konfigurowane w dwóch trybach:

a) **Tryb przezroczysty:** W tym trybie odbywa się komunikacja pomiędzy pojedynczym XBee ze zdalnym węzłem. Wykorzystuje on przezroczysty protokół łączący dwa węzły z użytkownikiem.

b) **Tryb dowodzenia:** Używa różnych poleceń AT w celu skonfigurowania XBee, takich jak adres docelowy, PAN ID, tryb uśpienia i okres snu.

Składnia wysyłania polecenia AT jest pokazana w następujący sposób.

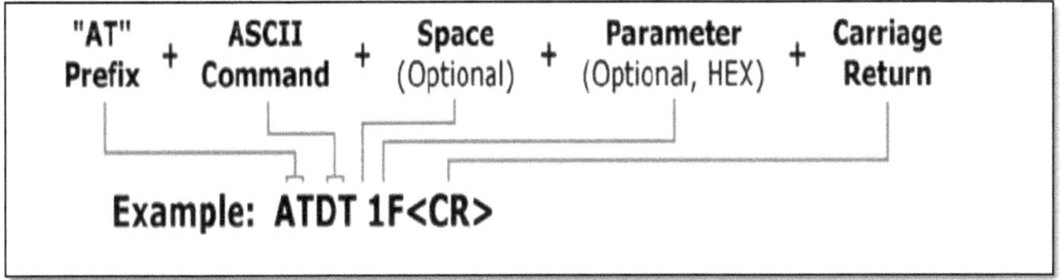

Tryb komunikacji API

Interfejs programowania aplikacji (API) to grupa typowych interfejsów wyrażających zgodę na to, aby jeden program współpracował z innym. Tryb ten dostarcza informacji takich jak adres docelowy, typ pakietu i wartość sumy kontrolnej. Węzeł bramki akceptuje te dane z tymi informacjami. Tryb API zapewnia większą elastyczność dla użytkownika, a także zwiększa niezawodność. Wykonuje on następujące operacje:

- Podaj adresowanie do różnych węzłów z wyjątkiem wejścia w tryb poleceń.
- Automatyczne retransmisje i podziękowania
- Zderzenie uciekające.
- Identyfikacja adresu źródłowego każdego otrzymanego pakietu.
- Wykrywanie błędów

2.2 Wprowadzenie Arduino z jego IDE

W naszym systemie AQMS używany jest arduino UNO. Jest to posiadanie na pokładzie mikrokontrolera Atmega 328. Dzięki zintegrowanemu portowi USB, komunikacja szeregowa jest możliwa bez dodatkowego sprzętu. Posiada 2K RAMS. Najmniejszy pobór mocy sprawia, że płyta ta jest bardziej korzystna od istniejącego na rynku kontrolera. Ponadto, kompatybilność z innymi ekranami czyni ją niezwykle elastyczną i poręczną.

Zintegrowane środowisko programistyczne (*IDE*) to aplikacja zapewniająca programistom komputerowym wszechstronne udogodnienia w zakresie tworzenia oprogramowania. Jest to prototypowa platforma open-source oparta na przyjaznym dla użytkownika sprzęcie i oprogramowaniu. Oprogramowaniem platformy Arduino jest Zintegrowane Środowisko Programistyczne Arduino (IDE). Podstawowym krokiem w IDE jest sprawdzenie czy kod jest poprawny. Jeśli kod jest poprawny, to IDE przekazuje kod do kompilatora. Kod ten jest następnie łączony z kodem bibliotecznym. Jego wyniki są zapisywane w pojedynczym pliku szesnastkowym.

To IDE (zintegrowane środowisko programistyczne) jest dostępne bezpłatnie na jego stronie internetowej. Kod napisany w Arduino jest w języku C-. Jest on podzielony na trzy obszary, takie jak obszar niebieski, obszar biały i obszar czarny. Każdy obszar ma swoje własne zadanie. Program napisany za pomocą tego programu nazywany jest szkicami. .ino jest rozszerzeniem pliku platformy Arduino. Różne paski narzędzi dostępne w arduino są przedstawione na poniższym wykresie.

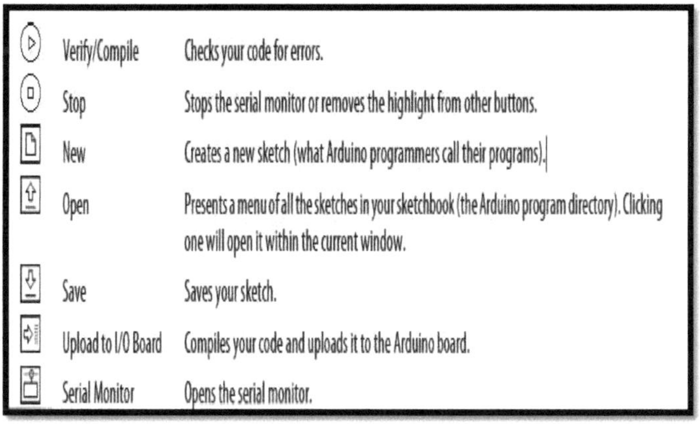

Verify/Compile	Checks your code for errors.
Stop	Stops the serial monitor or removes the highlight from other buttons.
New	Creates a new sketch (what Arduino programmers call their programs).
Open	Presents a menu of all the sketches in your sketchbook (the Arduino program directory). Clicking one will open it within the current window.
Save	Saves your sketch.
Upload to I/O Board	Compiles your code and uploads it to the Arduino board.
Serial Monitor	Opens the serial monitor.

2.3 Oprogramowanie LabVIEW

Narzędziem graficznym opracowanym przez National Instruments jest LabVIEW. Narzędzia te są bardzo interaktywne i łatwe do programowania. Możemy modyfikować przebieg programowania tak, jak chcemy. Efektywny kod maszynowy jest unikalną właściwością LabVIEW. W porównaniu do innych języków programowania, G-kod stworzony przez LabVIEW jest bardziej zrozumiały. Czas wykonania wymagany do uruchomienia kodu G jest krótszy. Sterowniki dostępne dla LabVIEW są darmowym oprogramowaniem, co czyni je bardziej intuicyjnymi. Bezdotykowy sprzęt może być używany jako urządzenie komunikacyjne niskiego poziomu.

Narzędzia w programie LabVIEW, takie jak komunikacja, oprzyrządowanie, przetwarzanie sygnału, sieć neuronowa, system sterowania itp. mają swoją rolę w generowaniu kodu G w tym zakresie. Obecny bezprzewodowy system AQMS wykorzystuje narzędzie do publikowania stron internetowych do wyświetlania monitorowanych danych na stronie internetowej do zdalnego monitorowania. Każdy problem numeryczny może być szybko rozwiązany bez konieczności wykonywania złożonych matryc i obliczeń.

Rys.16. PRZEGLĄDAJ różne elementy.

LabVIEW GUI został wykorzystany do monitorowania jakości powietrza w środowisku. Narzędzie LabVIEW umożliwia korzystanie z narzędzia dostępnego na GUI do kontroli systemów. Jest to graficzny język programowania o nazwie "G". Język ten pozwala użytkownikowi na łączenie graficznych ikon, a także naukowcom i inżynierom na myślenie i docieranie do sedna problemów wizualnie. Uszkodzony pocisk uruchomieniowy w pasku narzędzi LabVIEW nie pozwala użytkownikowi na wykonanie programu w przypadku wystąpienia błędu. Korzystanie z komunikacji szeregowej LabVIEW jest możliwe w prosty sposób; nie jest do tego potrzebny żaden dodatkowy sprzęt. Język programowania "G" i różne narzędzia pomiarowe w programie LabVIEW wykonują prosty ruch w kierunku projektowania graficznego interfejsu użytkownika (GUI). Oferuje on ogromne wbudowane biblioteki dla wirtualnego oprzyrządowania. Celem programowania LabVIEW jest konfigurowanie motorów i zbieranie danych z tych motorów poprzez węzeł koordynatora za pomocą USB (pomiędzy komputerem PC i koordynatorem) i interfejsu ZigBee (pomiędzy węzłem koordynatora i motorem), jak pokazano na poniższym szkicu blokowym (rys.17.). Program posiada dwa istotne bloki: panel przedni i schemat bloków.

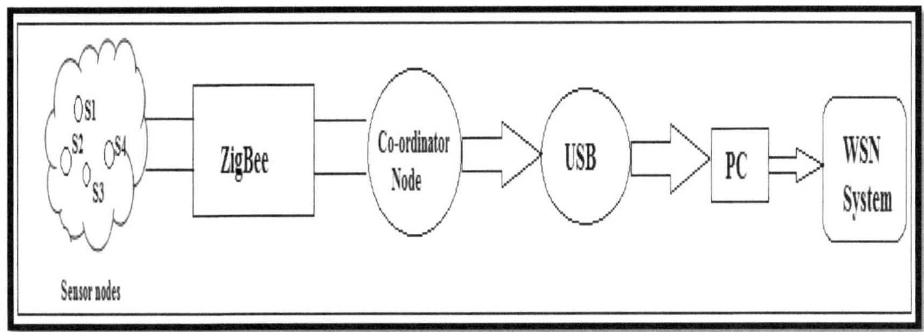

Rys. 17. Szkic blokowy WSN przedstawiający elementy eksploatacyjne.

2.3.1 Wirtualna architektura oprogramowania instrumentów (VISA)

Do ciągłego monitorowania systemu preferujemy narzędzie LabVIEW. Dlatego do połączenia LabVIEW z mikrokontrolerem Arduino wykorzystywany jest port szeregowy konfiguracji Virtual Instrument Software Architecture (VISA). Działa on jako sterownik instrumentu w LabVIEW do zapewnienia komunikacji z zewnętrznymi urządzeniami we/wy takimi jak moduły XBee.

System operacyjny i środowiska obsługiwane przez VISA zostały przedstawione w poniższej tabeli.

System operacyjny	Środowisko
Macintosh	PRZEGLĄD i C
Okna 3.1	MSVC, Borland C++, CVI, LabVIEW i VB
Windows 95/NT	C, CVI, LabVIEW, VB
Solaris 1	CVI, LabVIEW

Obiekty w języku VISA (ang. object-oriented language) nazywane są zasobami. Natomiast w języku VISA atrybuty są uważane za zmienne. Podstawowy zarys wewnętrznej struktury języka VISA został przedstawiony poniżej.

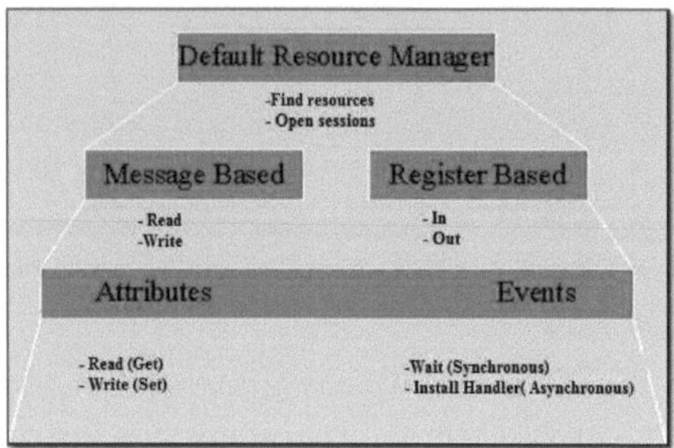

Poniżej przedstawiono VI z wszystkich zasobów VISA w programie LabVIEW oraz ich funkcje.

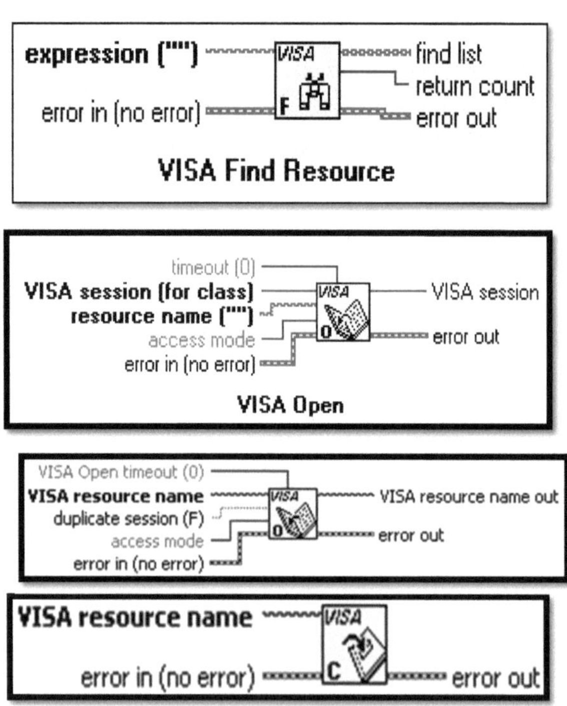

Bezprzewodowy system monitorowania jakości powietrza jest realizowany za pomocą narzędzia VISA w programie LabVIEW. Trzy poziomy interfejsu wizowego są wykorzystywane do komunikacji szeregowej. Początkowo konfigurowany jest port szeregowy. W tym systemie preferowany jest COM 22 jako port XBee w tym miejscu. 9600 pokazuje szybkość transmisji systemu z arduino i XBee.

Następnie transfer danych ma zostać odczytany za pomocą narzędzia do odczytu VISA. Arduino odczytuje te dane w 10-bitowym formacie. Dlatego też,

$$\textbf{Napięcie wyjściowe} = \frac{Vo}{5} \times 1024.$$

2.4 Schemat blokowy węzła czujnikowego

Projektowany system składa się z mikrokontrolera arduino UNO Atmega 328 i czujników do wykrywania wilgotności, gazu CO_2, LPG, temperatury i natężenia światła zintegrowanych w celu utworzenia węzła czujników. Dane z różnych czujników są podawane jako wejścia analogowe do mikrokontrolera, który przetwarza je i buduje decyzję. Wyjście z czujnika analogowego może być przekształcone na postać cyfrową za pomocą 10-bitowego przetwornika analogowo-cyfrowego (Analog to Digital Converter).

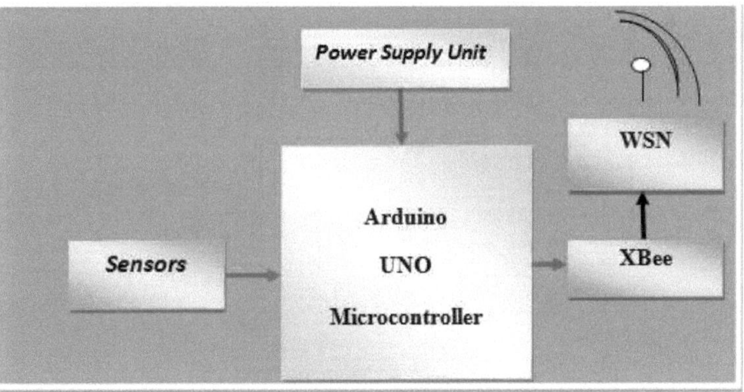

Rys. 18. Schemat blokowy węzła czujnika.

2.5 Schemat blokowy węzła koordynacyjnego

Węzeł koordynatora posiada moduł ZigBee do odbioru informacji z węzła czujnika, który wysyła je do mikrokontrolera arduino. Mikrokontroler wysyła następnie zebrane dane do komputera PC za pomocą kabla USB w celu aktualizacji wartości miejsc monitorowania w komputerze. Proponujemy system sieci WSN wykorzystujący pojedynczy koordynator i dwa węzły czujników.

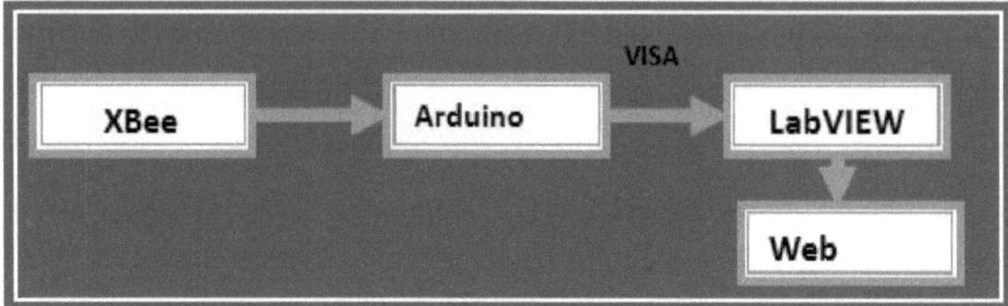

Rys. 19. Schemat blokowy węzła współrzędnych.

2.6 Podłączenie obwodu węzła czujnika:

Konstrukcja sprzętowa węzłów czujników i związanych z nimi połączeń obwodów przedstawiona jest na poniższym rysunku.

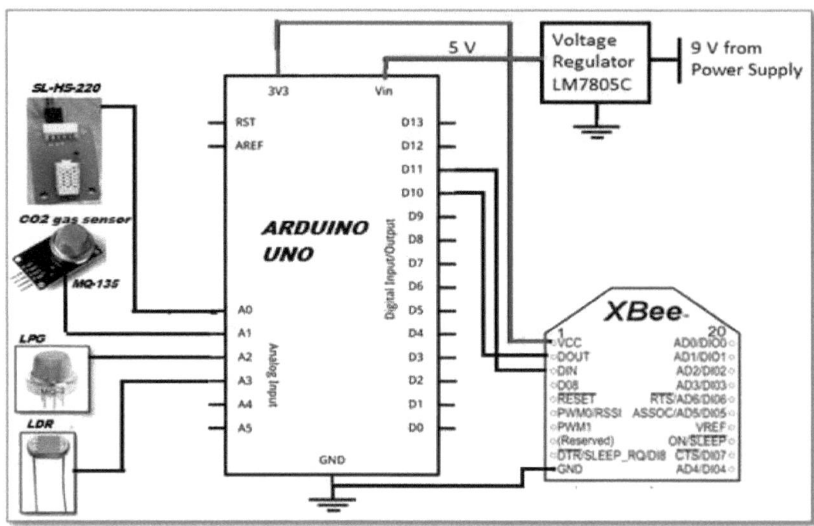

Rys. 20. Podłączenie obwodu węzła czujnika.

2.7 Połączenie obwodowe węzła bramki

Konstrukcję sprzętową węzła bramki i związane z nią połączenie obwodów przedstawiono na poniższym rysunku.

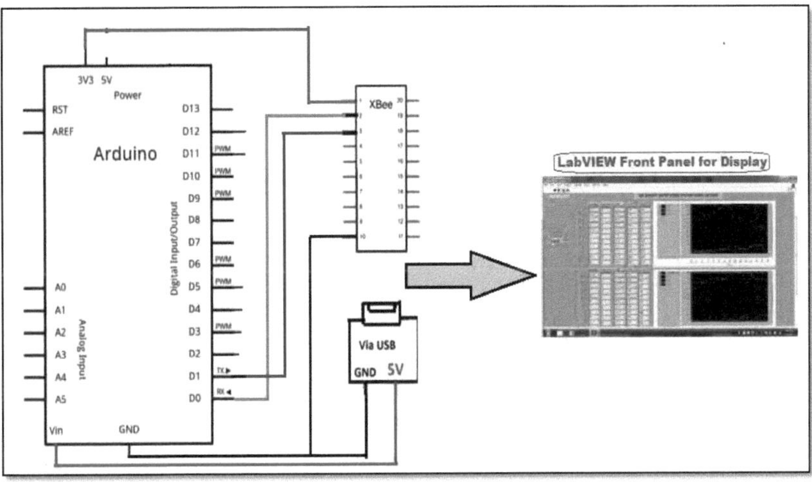

Rys.21. Podłączenie obwodu węzła bramki.

2.8 Kalibracja czujnika SL-HS -220 (Wilgotność + Temperatura)

Ten moduł czujników przetwarza wilgotność względną i temperaturę na napięcie. Do kompensacji temperatury wykorzystuje diodę termistorową. Krzywa charakterystyki kalibracyjnej jest pokazana poniżej zgodnie z arkuszem danych.

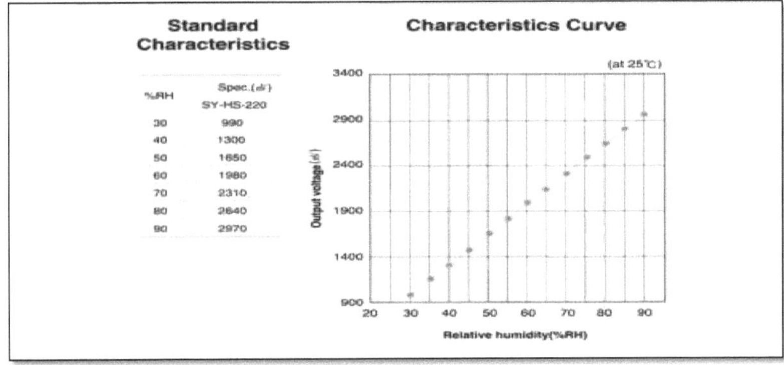

Standard Characteristics

%RH	Spec.(mV) SY-HS-220
30	990
40	1300
50	1650
60	1980
70	2310
80	2640
90	2970

Nachylenie tej charakterystyki wynosi 33mV dla 1% RH.

Kalibracja temperatury

Czujnik SL-HS-220 wykorzystuje do pomiaru temperatury diodę termistorową. Zmiana rezystancji wskazuje na zmianę temperatury, a dane kalibracyjne zostały zarejestrowane i przedstawione poniżej.

Thermistor Tabl

:: 10K 3950:: R-T Sub_degree table

T	R	T	R	T	R	T	R
0	32.7421	20	12.5005	40	5.315	60	2.476
1	31.1138	21	11.9485	41	5.1053	61	2.388
2	29.5759	22	11.4239	42	4.905	62	2.304
3	28.1229	23	10.9252	43	4.7136	63	2.223
4	26.7496	24	10.451	44	4.5307	64	2.146
5	25.4513	25	10	45	4.3558	65	2.071
6	24.2234	26	9.5709	46	4.1887	66	2
7	23.0618	27	9.1626	47	4.0287	67	1.931
8	21.9625	28	8.7738	48	3.8758	68	1.865
9	20.9218	29	8.4037	49	3.7294	69	1.802
10	19.9364	30	8.0512	50	3.5893	70	1.741
11	19.0029	31	7.7154	51	3.4553	71	1.683
12	18.1184	32	7.3954	52	3.3269	72	1.626
13	17.28	33	7.0904	53	3.2039	73	1.572
14	16.4852	34	6.7996	54	3.0862	74	1.52
15	15.7313	35	6.5223	55	2.9733	75	1.47
16	15.0161	36	6.2577	56	2.8652	76	1.422
17	14.3375	37	6.0053	57	2.7616	77	1.376
18	13.6932	38	5.7645	58	2.6622	78	1.331
19	13.0815	39	5.5345	59	2.5669	79	1.288

Wyniki monitorowania wilgotności i temperatury są programowane w Arduino IDE i wyświetlane w oknie monitorowania szeregowego (rys. 22.).

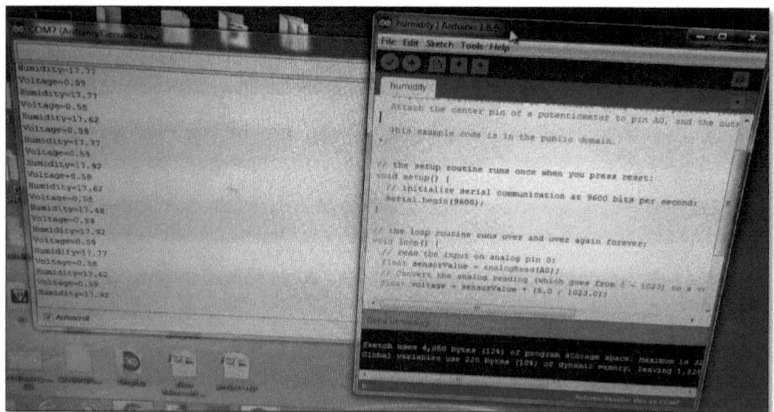

Rys. 22. Okno monitora szeregowego pokazujące wyniki monitoringu wilgotności i temperatury.

2.9. Kalibracja czujnika LDR

Natężenie światła zostało zarejestrowane przy użyciu LDR. Rezystancja LDR zmienia się liniowo w zależności od strumienia świetlnego, wyjście z wat LDR zapisywane i zamieniane na luksy poprzez programowanie za pomocą Arduino. Kalibrację LDR wykonano przy użyciu standardowej zależności $LUX = \frac{2500}{V0}$-500/3.3 i wyniki wyświetlane za pomocą okna Arduino IDE jak pokazano poniżej (rys.23).Tutaj V0 jest wartością czujnika.

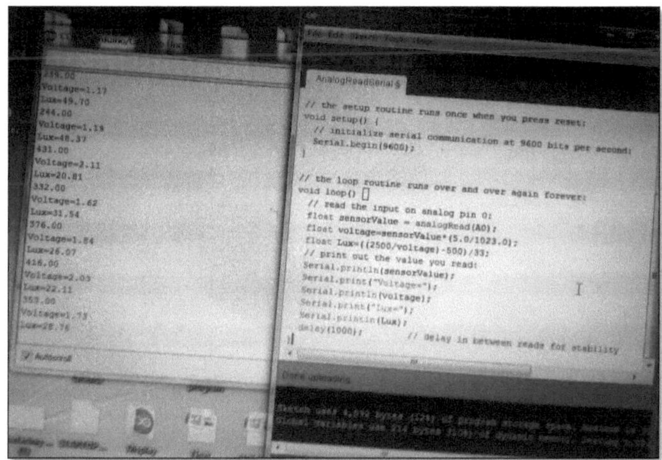

Rys.23. Monitorowanie natężenia światła za pomocą arduino IDE.

3.0. Kalibracja czujnika CO_2

Za pomocą czujnika MQ135 wykryto również zawartość w powietrzu toksycznych gazów, takich jak siarczek, gaz amoniak, para wodna serii benzenowej, CO_2 itp. Zakres detekcji wynosił 10-10.000 ppm, a napięcie robocze wynosiło około 5,0V±0,1V AC lub DC. Ilość CO_2 obecnego w atmosferze wynosiła 400,7 ppm [5], zgodnie z którą kalibrowano czujnik. Rys. 24 przedstawia monitorowanie parametrów jakości powietrza za pomocą Arduino, a jego wyniki są wyświetlane w oknie monitora szeregowego Arduino.

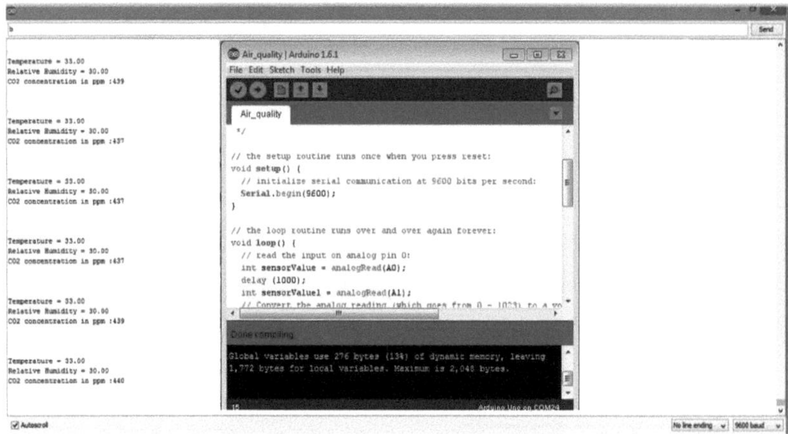

Rys.24. Okno monitorowania jakości powietrza w węźle czujników 1 i 2 .

3.1. Kalibracja czujnika LPG

Nasz system AQMS wykorzystuje również czujnik gazu MQ-2 do wykrywania gazu LPG, który jest idealnym czujnikiem do wykrywania obecności niebezpiecznego wycieku LPG (np. w domach, na stacjach benzynowych, w środowisku zbiorników magazynowych, a nawet w pojazdach, które wykorzystują gaz LPG jako paliwo. Kalibracja tego czujnika została przeprowadzona w celu ustalenia zależności pomiędzy napięciem wyjściowym czujnika a stężeniem gazu w ppm. W celu dokładnej kalibracji, gaz LPG o różnych pojemnościach podawano do czujnika za pomocą standardowej strzykawki medycznej w komorze gazowej o pojemności 250cc. Zestaw doświadczalny do kalibracji czujnika MQ-2 przedstawiono na rys. 25. [6].

Moc czujników obliczono za pomocą standardowej zależności pomiędzy stężeniem gazu a objętością komory gazowej (250cc). Kalibrację pokazano na rys. 25. Pokazano ją również w oknie monitora szeregowego Arduino przeznaczonego do monitorowania LPG. (rys. 27)

$$\text{Stężenie gazu} = \frac{10^6}{\text{Objętość komory gąąowąj (250 ąm3)}} \text{ x Objętość wprowądąoąągo gąąu}$$

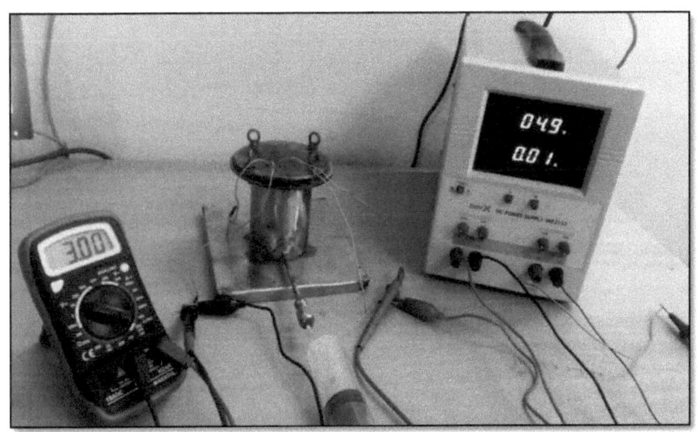

Rys. 25.Eksperymentalne ustawienie kalibracji czujnika gazu MQ-2.

Zastosowaliśmy tu cylindryczną szczelną metalową (dobrej jakości stal szlachetna) komorę o pojemności około 250 cm3. Wymiary tej komory to 8,6 cm X6 cm. Komora ta zamontowana jest na metalowym wsporniku o wymiarach 5 cm X 15 cm. Komora została wykonana jako szczelna za pomocą metalowych i gumowych O-ringów mocowanych mocno do komory. Wykonano to za pomocą układu śrubowego. Przez metalową (S.S.) kapilarę (I.D. ≅ 2 mm) wprowadzono do komory obliczoną ilość gazu. Następnie wykonano połączenia elektryczne do czujnika i umieszczono go w komorze. Wszystkie te pomiary zostały przeprowadzone w temperaturze pokojowej (299K).

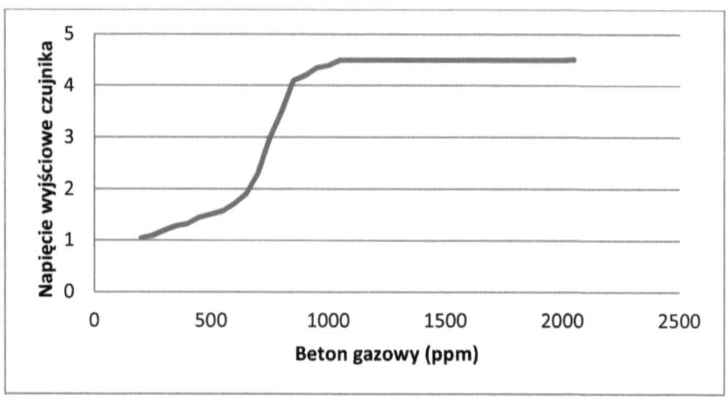

Rys.26. Kalibracja czujnika gazu LPG.

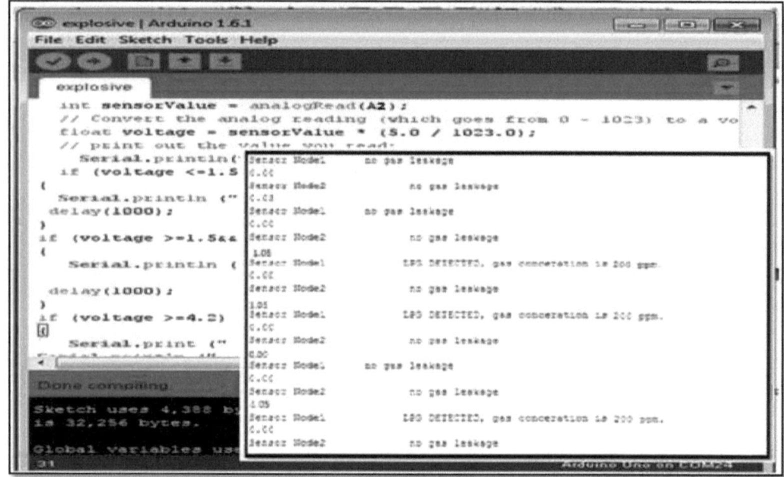

Rys. 27. Okno monitora szeregowego Arduino pokazujące monitoring LPG.

3.2 Programowanie LabVIEW dla AQMS (Air Quality Monitoring System)

Opracowaliśmy system WSN dla dwóch węzłów czujników i jednego węzła koordynatora. Odpowiednie identyfikatory dla każdego z węzłów czujników są podane w oprogramowaniu X-CTU. Separacja danych pochodzących z każdego z węzłów czujników została przeprowadzona w oprogramowaniu LabVIEW i wygląda następująco-

i. LabVIEW został połączony z węzłem koordynatora (płyta arduino UNO) poprzez narzędzie funkcyjne VISA.

ii. Węzeł koordynacyjny otrzymuje dane z każdego węzła czujnika.

iii. Następnie dokonano rozdzielenia danych.

LabVIEW GUI został wykorzystany do monitorowania poziomu jakości powietrza w środowisku. LabVIEW jest oprogramowaniem do projektowania systemów, które pozwala na zaprogramowanie na interfejsie graficznym narzędzi do pomiaru i kontroli systemów. GUI LabVIEW dla systemu AQMS pokazano poniżej (rys.28.).

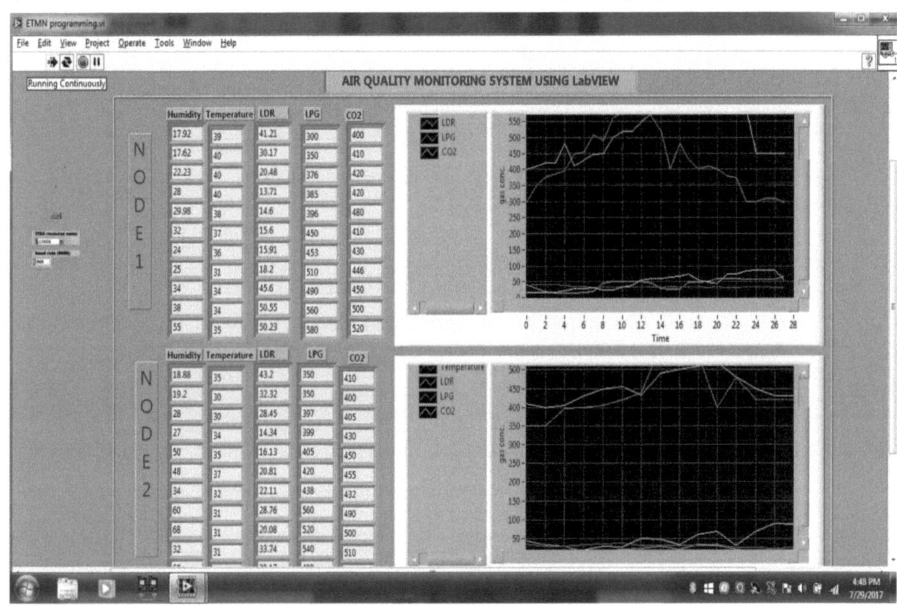

Rys. 28. Okno panelu przedniego LabVIEW pokazujące monitorowanie parametrów jakości powietrza w węzłach czujników.

Programowanie LabVIEW odbywało się w następujący sposób (rys. 29).

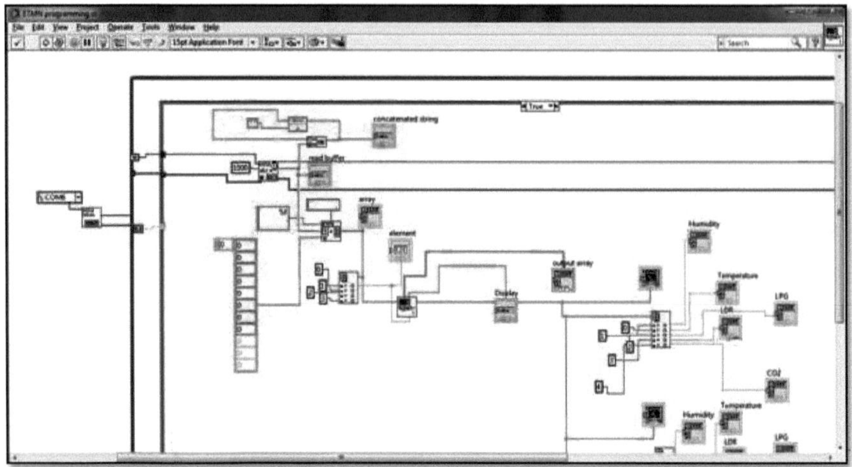

Rys. 29. Struktura programowania LabVIEW do monitorowania parametrów jakości powietrza w węzłach czujników.

3.3 Wyświetlanie AQMS na portalu internetowym

Do monitoringu online AQMS wykorzystaliśmy narzędzie do publikowania stron internetowych w LabVIEW. Platforma programowa w zakresie instrumentów wirtualnych została opracowana w ramach środowiska kodowania LabVIEW dla połączenia z portalem internetowym w celu objęcia solidnego obszaru monitorowania. Niedostępny monitoring jest wykonywany przez panel przedni LabVIEW poprzez dostęp do serwera WWW, a system jest kontrolowany za pomocą narzędzia do publikowania stron internetowych. Narzędzie to konwertuje panel czołowy na stronę HTML w oparciu o parametry podane w programie. GUI został wyświetlony na serwerze internetowym i jest pokazany na rys.29. W skrócie zbudowaliśmy prostą VI, która monitoruje bezprzewodowy AQMS i uruchomiliśmy tę aplikację w Internecie, a także monitorujemy ją zdalnie i sterujemy nią automatycznie. Aby uruchomić tę aplikację w Internecie, musimy skonfigurować dostęp do sieci. Domyślnie LabVIEW ma adres portu 8000. W LabVIEW możemy uzyskać dostęp do innego niedostępnego serwera panelowego i wszystkich innych adresów IP, które chcemy uzyskać poprzez włączenie tego ustawienia w narzędziu do publikowania stron internetowych. Adres URL dokumentu uzyskany ze strony LabVIEW to http://dell-pc:8000/ETMN programming.html. Po naciśnięciu przycisku Connect, a następnie OK, strona zostanie opublikowana i otworzy się przeglądarka. Rysunek 31 przedstawia system monitorowania danych w przeglądarce internetowej. Wyświetlanie systemu AQMS na serwerze internetowym daje użytkownikowi możliwość ciągłego monitorowania jakości środowiska powietrza przemysłowego w odległych miejscach. Zostało to pokazane na rys.30.

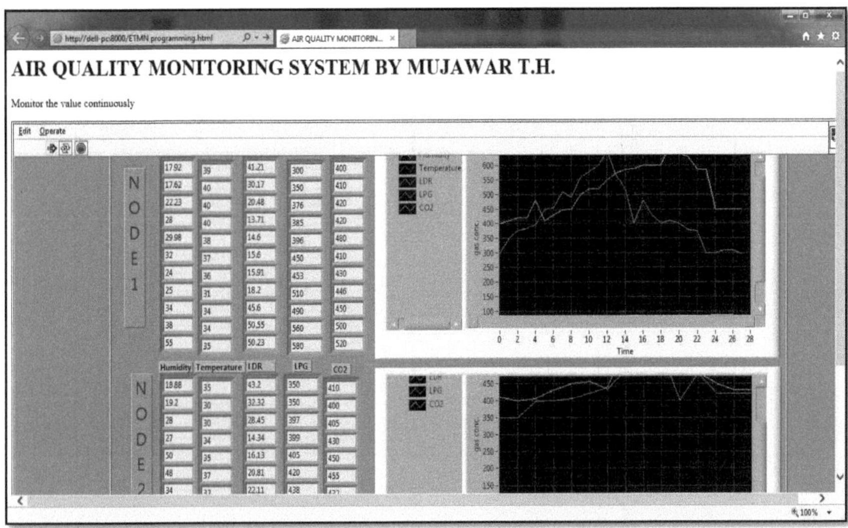

Rys.30. GUI systemu AQMS wyświetlany na serwerze WWW.

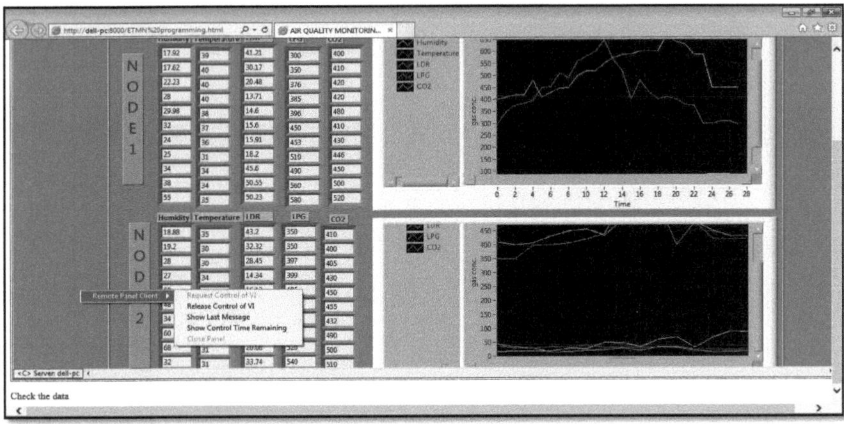

Rys.31. System zdalnego monitoringu dla AQMS.

3.4. Wnioski

Proponowany jest system do monitorowania różnych parametrów środowiska za pomocą mikrokontrolera Arduino, WSN i jego monitoringu online (portal internetowy). Zastosowanie takich technologii jak WSN i mikrokontroler Arduino pozwoli na usprawnienie procesu monitorowania jakości powietrza. Narzędzie do publikowania stron internetowych w LabVIEW służy do wysyłania i odbierania danych, a liczba węzłów jest ograniczona do dwóch. Motywy stosowane w obecnym systemie wykorzystują protokół XBee i zapewniają system monitorowania w czasie rzeczywistym przy wykorzystaniu oszczędnej, niskiej prędkości transmisji danych i technologii komunikacji bezprzewodowej o najmniejszej mocy. Przewidujemy, że system ten będzie cieszył się dużą akceptacją w sektorach przemysłowych i będzie spełniał swoją rolę w efektywnym połączeniu WSN z portalem internetowym. W rezultacie można osiągnąć cel, jakim jest zdalne monitorowanie jakości powietrza w środowisku.

3.5. Numery referencyjne

1. Al-Haija, Q. A., Al-Qadeeb, H., & Al-Lwaimi, A., "Studium przypadku": Monitoring jakości powietrza na Uniwersytecie Króla Faisala przy użyciu mikrokontrolera i WSN", Procedia Computer Science, 21(2013), s. 517-521.
2. S.Zhang, & H.Zhang, "A Review of Wireless Sensor Networks and its Applications", w Automation and Logistics (ICAL), IEEE International Conference on pp. 386-389,
3. T.H.Mujawar, M.S.Kasbe, S.S.Mule i L.P.Deshmukh, "Development of wireless gas sensing system for home safety", International Journal of Engineering Sciences & Emerging Technologies, 8(2016), pp: 213-221.
4. K. S. Sricharan, , M. A. Shrivasan, S. S. Kumar, "An Intelligent Automated Emission Quality Monitoring System designed to Test the Vehicles in the Signal", w: Green Computing, Communication and Conservation of Energy (ICGCE), International Conference on IEEE , 12 grudnia 2013, s. 590-593.
5. https:// www.CO2.earth. Odzyskane 3 maja 2016 roku.
6. http://www.seeedstudio.com/depot/datasheet/MQ-2.pdf.
7. C. Chaiwatpongsakorn, M. Lu, T.C. Keener, i S.J. Khang, "The Deployment of Carbon Monoxide Wireless Sensor Network (CO-WSN) for Ambient Air Monitoring", International Journal of Environmental Research and Public Health, vol. 11,pp.6246-6264, 2014.
8. A.H. Nograles, A.C. Paolo D, I. Steven, L. Manuel i J.Bethany, "Low Cost Internet Based Wireless Sensor Network for Air Pollution Monitoring using Zigbee Module", IEEE,pp.310-314, 2014.
9. S. Abraham i X. Li, "A cost-efficient Wireless Sensor Network System for Indoor Air Quality Monitoring Apllications, The 9th International Conference on Future Networks and Communications, pp.165-171, 2014.
10. P. Partheeban, R.R. Hemanmalini i H.P. Raju, "Vehicular Emission Monitoring Using Internet GIS, GPS and Sensors", International

Conference on Environment, Energy and Biotechnology, vol.33, s. 81-85, 2012.

11.T.H.Mujawar, "Development of Wireless Sensor Network for Hazardous Gas Detection and Alert System" http://www. shodhgang.inflibnet.ac.in. 2016.

12.C.Y.Chong i S.P.Kumar, "Sensor Networks. Evolution, Opportunities and Challenges", Proceedings of the IEEE, 91(2003) 1247-1256.

13.Crossbow Technology (n.d.), http://WWW.Xbow.com oraz Dust Networks, Inc. (n.d.), http:// www.dustnetworks.com

14.K. Bouabdellaha, H. Noureddine, S.Larbi, "Using Wireless Sensor Networks for Reliable Forest Fires Detection", 3rd International Conference on (SEIT 2013), Procedia Computer Science 19 (2013) 794 - 801.

15.S. Dubey i C.Agrawal, "A survey of data collection techniques in wireless sensor network", IJAET,6 (2013) s. 1664-1673.

16.K. Maraiya, K. Kant i N. Gupta, "Application based Study on Wireless Sensor Network", International Journal of Computer Applications, 21(2011), 9-15.

17.N.K. Suryadevara, S.C. Mukhopadhyay, "Wireless Sensor Network Based".

Home Monitoring System for Wellness Determination of Elderly", IEEE Sensors Journal, 12 (2012) 1965-1972.

18.J. Tiantian, Y. Zhanyong, "Research on Mine Safety Monitoring System Based On WSN", Procedia Engineering, 26 (2011) 2146 - 2151.

19. S. Tilak, N. A. Ghazaleh i W. Heinzelman "A taxonomy of wireless micro sensor network nodels", ACM Mobile Computing and Communications Rev. (MC2R), 6 (2002) 4.

Printed by Books on Demand GmbH, Norderstedt / Germany